小腦袋思考大世界

怎樣分辨
對與錯？

南希·迪克曼　　　著
安德烈·蘭達扎巴爾　繪

新雅文化事業有限公司
www.sunya.com.hk

推薦序

多發問，多思考，開啟智慧和知識寶庫

　　從幼年時開始，我們就認識到日子由白天和黑夜組成，春天去了秋天會來。為什麼會有這些現象？原來大自然有其規律，而人的意志絕不能影響自然運作，無論我們多麼期待今天去郊外旅行，都不能改變天氣突然變壞而出不了門。

　　但如果人不能控制自然規律，那誰可以？為什麼會有自然規律？又到底為什麼會有自然世界呢？再追問下來，我們就不只知道太陽會升起又落下、冬天來了天氣轉冷的常識，還會逐步深入了解自然科學的知識，甚至可能掀起一場「哥白尼革命」。

　　自古以來人們相信地球是平的，因為在日常經驗中，我們感覺是生活在靜止的平地上，天上的太陽和星星都是圍繞我們而轉，直至五百年前，波蘭天文學家哥白尼經過長年的觀察，論證其實是地球和其他行星圍繞太陽運行，才推翻地球是宇宙中心的說法，徹底改變了人們的世界觀。

哲學史上亦出現過一次重要的「哥白尼革命」，那是二百多年前，由德國哲學家康德提出。康德指出我們認識的世界，只是透過我們人類的角度來了解，但世界的真正面貌是怎樣子，我們其實不知道。一頭河馬對世界的認知，就絕對和人類不同，儘管我們都是生存在地球上的生物。康德的主張所以重要，是因為當我們了解到自己的觀點原來有局限，就能用更開放的態度，來了解他人以至別的文化。

哲學被譽為「學科之母」，是因為哲學研究的問題，幾乎涵蓋所有領域，但更重要的是，要了解任何事物，都需要敏銳的思辨能力，為問題提出合理說明，而思考哲學問題，最能訓練理性能力。

《小腦袋思考大世界》叢書，引導孩子思考「是否有義務幫助別人？」、「如何分辨是非對錯？」、「面對選擇，如何作出正確決定？」等等。這些哲學問題其實相當日常，在人生的不同階段中會反覆碰到和思考，塑造出我們的人生觀和世界觀。**從小培養孩子對本書中問題的探討興趣，不僅可訓練理性思考能力，還同時養成面對問題的開放態度，打造一把理性鑰匙，開啟智慧和知識的寶庫。**

曾昭瑜
資深兒童哲學教育工作者
香港大學文學及文化研究碩士
倫敦大學哲學學士

哲學是什麼？

　　哲學的英文是Philosophy，意思是**對智慧的熱情，猶如對愛情一樣**。哲學就是通過不斷地提出問題，從而更了解這個世界。這正正就是你閱讀這本書的期間，一直在做的事情！

　　從古至今，一直有許多哲學家在提出問題和反思事情。哲學家喜歡探討世界怎樣形成，也想了解人類為什麼會做出某些行為。他們不一定能找到清晰的答案，但也會繼續不斷地思考。

　　其實，你也可以成為一名哲學家。只要你對自己、對身邊的事物保持好奇，經常思考一些令人費解的問題，並與朋友討論，你就是哲學家了。例如，你們可以討論某行為是對是錯，從中可發現大家的看法是否一致，你還可以從朋友的觀點中有所得着。

目錄

我有選擇嗎？

　　你曾幻想成為一個機器人嗎？電影裏的機器人總是強壯有力，它們的大腦由高速運轉的電腦組成，雙眼甚至可以射出激光！

但是機器人只能按照電腦程式的指令行動。由於它們沒有自我意識去做選擇，因此無法隨意行動。或許成為一個機器人也不是那麼有趣！

在日常生活中，你就要每天做選擇了。你可以選擇穿什麼、吃什麼和做什麼。有些選擇很簡單，但困難的選擇也有不少。例如，你要判斷什麼行為才是正確的。

什麼是對與錯？

　　你會在商店偷東西嗎？你玩遊戲的時候會作弊嗎？你大概不會這樣做，因為大部分人都認為這些行為是錯誤的。我們會鼓勵人們做正確的行為，例如對人友善、跟別人分享等。

很多時候，你不用多想就知道什麼是對、什麼是錯。你總會知道，如果那件事會傷害別人，那就是錯的；當會幫助到別人，那大有可能是對的。

　　但是小嬰兒會知道自己做的事情是錯嗎？你的寵物狗會知道嗎？隨着你漸漸長大，你就會在不知不覺間懂得是非對錯。

為什麼我們需要法律？

我們在生活中常常需要依照法律和規則做事。有時候這會很讓人頭痛，但社會要是失去規則和制度，人們便可以為所欲為，甚至偷走你的財物！

● 政府制定法律，所有人都必須遵守。

● 宗教領袖基於他們的信仰訂立規條。

● 老師制定班規。

規則是有用的！

● 家人一起制定
家規。

法律可以涵蓋所有事情嗎？

　　沒有一條法律不准你欺負弟弟，你並不會因此而坐牢！雖然你的父母可能已為此定下家規，但就算沒有明文規定，大部分人都知道欺負別人是不對吧？

每個人判斷對錯的想法都一樣嗎？

　　試想一下在你面前有一大碗美味的拉麵。你大口地吃麵條，並發出「啜啜」聲，你覺得旁人會有什麼反應？

　　你可能會擔心受到旁人責備的眼光，但如果你身在日本大可放心！根據日本的飲食文化，吸啜麵條的聲音是良好的禮儀，這代表你很享受食物。

每個人都是不一樣的，我們的是非觀念也有所不同，某些文化認為失禮的事情在其他文化中，不一定是失禮的。

啜啜！

啜啜！

啜啜！

錯的事情永遠是錯嗎？

隨着時間流逝，人們判斷對錯的標準也會隨之改變。例如，以前的女性不可以投票，以前的富人可以擁有奴隸。但時至今日，幾乎所有人都認為這些觀念是錯誤的。

為什麼我們要顧及別人的感受？

　　當你感到生氣，你可能會發脾氣或者和別人吵架。雖然你不是故意的，也許你只是心情不好，但別人也是同樣有感受的，你的行為會影響到他們！當你說出一些惡毒的話，或做出傷害別人的事，別人也會感到傷心難過，甚至感到自卑。

要擁有同理心，你首先要學習為人設想，把自己代入對方的角色。你要嘗試理解他人為什麼會有這些感受，為什麼會做出這些行為。

觀察下列三幅圖，你覺得這三個小朋友的感受是什麼？為什麼你這樣想？

多點為他人設想，多點考慮別人的感受。這會讓你的行為有所改變。

我應該如何對待別人？

你曾聽過「己所欲，施於人」這句金石良言嗎？你想別人怎樣對待你，那麼你就怎樣對待別人。

伊凡最喜歡的筆袋不見了，嘉絲幫他一起尋找。因為她明白假若是自己不見了心愛的東西，也會希望朋友們來幫忙。

事情有沒有更好的處理方式？

　　輝祺輸掉了一場很重要的比賽，他感到非常難過。這讓艾美想起自己類似的經歷，當時她的朋友給了她一個深深的擁抱，那讓她心情舒服多了。但是輝祺不喜歡擁抱，他比較喜歡向朋友傾訴不快，所以艾美陪他坐下來聊天。

　　這不是艾美難過時想做的事，但她相信在這個時候，聊天是幫助輝祺放鬆心情的更好方式。

做錯事也有對的時候嗎？

　　莎莉有着高超的攀爬技能，也是飛躍競技的好手。為了學以致用，她化身成為一名飛天盜賊，專門劫富濟貧。她只會盜取富裕人家的金錢，然後捐給流浪動物庇護所。這些社福機構會把錢貢獻社會，照顧無家可歸的動物。

莎莉的雙胞胎妹妹蘇菲也是一名飛天盜賊。她也專門偷取富人的財物，但會把戰利品全部佔為己有。她才不在乎什麼流浪動物，她只想瘋狂購物，買東西給自己。

你覺得這兩姊妹有誰做了對的事情呢？盜竊是違法的，所以這必定是錯誤的事。但劫富濟貧會讓盜竊變得正確嗎？你的想法怎樣？

說謊一定是錯的嗎？

說謊就是刻意說出假話來隱瞞事實。

每當你在說謊，你即是想誤導別人。有些人認為說謊一定是錯的，無論你的目的是好是壞；也有些人接受善意的謊言。

你又認為下面的謊言是好是壞？

海倫買了一雙襪子送給自己的孫女愛美作為生日禮物。愛美假裝很喜歡這雙襪子，但其實她只是不想讓婆婆難過。

我很喜歡它！

愛德華正在為他的好朋友準備生日派對。為了給朋友一個驚喜，愛德華故意騙他說自己在上跆拳道課，但事實上他是在購買派對用品，他不想破壞了這個美好的驚喜。

當你想說謊的時候，請嘗試換位來思考，把自己代入對方的位置。如果你是對方，當你知道真相之後，會有什麼感受？

別人先做錯，我們就可以報復嗎？

在日常生活中總會有些人做出讓你感到難過的事，但這是否代表你就可以報復別人？

馬修嘲笑艾薇的鞋子很醜，這非常不禮貌，並讓艾薇很傷心。所以第二天當艾薇回到學校，看到馬修的新髮型時，就反過來嘲笑他的樣子很蠢。

雖然是馬修先欺負她，但這是否代表艾薇也可以傷害他的心靈？

別人犯錯，為什麼我不可以？

試想一下，當你看到有人在做不正確的事情，你就可以跟着做嗎？

上星期測驗的時候，湯馬斯看到有個同學作弊；今天他有一條題目不會做，你認為他也可以偷看鄰座同學的答案嗎？既然別人都作弊了，為什麼他不可以？

我的想法會改變嗎？

生活中你需要無時無刻判斷是非對錯，但如果你並不清楚事件的來龍去脈，這會影響你的判斷嗎？

試想像下列兩個情景：

- 莉莉故意把你的雪糕撞掉到地上。

- 艾奇和你分享一包薯片。

你認為哪個朋友做了對的事情？你可能覺得是艾奇，但如果你了解事情的前因後果……

- 莉莉解釋道，當你正準備舔雪糕時，有一坨海鷗糞便掉到了雪糕上面。

- 當你打開午餐盒，發現薯片不見了。原來艾奇和你分享的薯片，是從你這裏偷來的。

現在你覺得誰對誰錯呢？

你每天都在學習，不斷吸取經驗和教訓。這會讓你更懂得判斷是非對錯。改變想法很正常，並沒有什麼不對！

我的決定重要嗎？

當然重要！你每天必須做很多決定。

菲雅打算去騎單車。她戴上了安全頭盔，並選擇了一條合適的單車徑。這些決定可以保障她的安全。

阿里決定組織一個同好會。他邀請了大部分的朋友，唯獨沒有邀請羅根，因為他們最近吵架了。阿里的決定讓羅根很傷心。

蕾希有一瓶美味的果汁。
她喝完之後，會把塑膠瓶放進
回收箱。她的決定有利於保護
環境。

我可以讓世界變得不一樣嗎？

單靠蕾希一個人的力量並不能夠拯救地球，但如果每個
人都願意作出有助環保的決定呢？當我們所有人都決定回收
塑膠瓶，這一定能大大減少對環境的破壞。

點點星光可以匯聚成耀眼的光芒！

勇敢是什麼意思？

　　電影裏的超級英雄都很勇敢，他們為了保護人類而對抗頑強的壞蛋和怪獸。現實生活中的消防員和護士也很勇敢，他們願意冒着生命危險拯救他人的性命。

你不需要超能力也可以表現出勇氣。只要你鼓起一點勇氣，你就能夠完成許多困難的任務：

- 從小事開始嘗試新事物。例如試吃一種從未吃過的食物。
- 當你不同意朋友的想法時，敢於「說不」。
- 學習新的技能。
- 在觀眾面前表演。

- 自己犯錯時，敢於承認。
- 失敗之後願意繼續嘗試。
- 堅持自己認為對的事情。
- 向他人坦誠地說出內心的感受。
- 敢於依賴別人，向別人尋求幫助。

以上的事情你做過嗎？你還做過哪些勇敢的事？

怎樣做出正確的決定？

你是人類而不是機器人，所以有時候不懂怎樣做決定是很正常的，更何況你每天都要面對許許多多不同的選擇。當你感到困惑的時候，不妨參考右方這些問題來做抉擇。

這安全嗎？

我的決定會影響他人嗎？

我知道事情的前因後果嗎？

其他人也會認為這行為正確嗎？

這會令我感到快樂嗎？

我會傷害別人的感受嗎？

無論如何，請你記住沒有人是永遠正確的。當你做了錯誤的選擇，不要擔心，你可以從錯誤中學習，然後下次做出不一樣的決定！

小腦袋思考大世界

怎樣分辨對與錯？

作　　者：南希・迪克曼（Nancy Dickmann）
繪　　圖：安德烈・蘭達扎巴爾（Andrés Landazábal）
翻　　譯：吳定禧
責任編輯：黃楚雨
美術設計：劉麗萍
出　　版：新雅文化事業有限公司
　　　　　香港英皇道499號北角工業大廈18樓
　　　　　電話：(852) 2138 7998
　　　　　傳真：(852) 2597 4003
　　　　　網址：http://www.sunya.com.hk
　　　　　電郵：marketing@sunya.com.hk
發　　行：香港聯合書刊物流有限公司
　　　　　香港荃灣德士古道220-248號荃灣工業中心16樓
　　　　　電話：(852) 2150 2100
　　　　　傳真：(852) 2407 3062
　　　　　電郵：info@suplogistics.com.hk
印　　刷：中華商務彩色印刷有限公司
　　　　　香港新界大埔汀麗路36號
版　　次：二〇二一年十一月初版

ISBN: 978-962-08-7881-7
Original Title: *How Do I Decide What's Right?*
First published in Great Britain in 2021 by Wayland